BEI GRIN MACHT SICH IHR WISSEN BEZAHLT

Stefanie Winter

Unterrichtsstunde: Zuordnungen (Begriff, Darstellungsarten mit Überleitung zur Graphendarstellung)

Einführung in die Zuordnungen in Klasse 7 (G8)

GRIN Verlag

Bibliografische Information der Deutschen Nationalbibliothek:

Die Deutsche Bibliothek verzeichnet diese Publikation in der Deutschen National-
bibliografie; detaillierte bibliografische Daten sind im Internet über http://dnb.d-
nb.de/ abrufbar.

Impressum:

Copyright © 2008 GRIN Verlag GmbH
Druck und Bindung: Books on Demand GmbH, Norderstedt Germany
ISBN: 978-3-656-87409-6

Stundenentwurf

Referendar: Stefanie Winter
Datum: 18. November 2008

Thema der Stunde: Zuordnungen

Grundlagen der Stunde

a) **wissenschaftlich:**
Von einer Zuordnung spricht man in der Mathematik dann, wenn Elemente einer Menge A den Elementen einer Menge B in irgendeiner Weise zugeordnet sind. Beim allgemeinen Zuordnungsbegriff werden keine Forderungen in Bezug auf die Eindeutigkeit gestellt. Bei einer Funktion hingegen handelt es sich – als Spezialfall einer Zuordnung – um eine eindeutige Zuordnung, die jedem Element einer Definitionsmenge D_f genau ein Element einer Wertemenge W_f zuordnet.

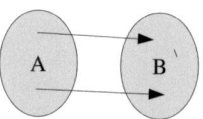

Eine Zuordnung zwischen zwei Mengen A und B heißt injektiv, wenn für $f(a) \neq f(a')$ für alle $a, a' \in A$ mit $a \neq a'$ gilt. Positiv ausgedrückt bedeutet das, dass einem Element der Menge B höchstens ein Element der Menge A zugeordnet ist. Jedes Element der Zielmenge wird höchstens einmal als Funktionswert angenommen.

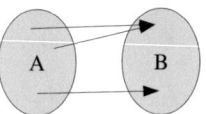

Eine Zuordnung zwischen zwei Mengen A und B ist ferner surjektiv, wenn für jedes $b \in B$ ein $a \in A$ mit $f(a) = b$ existiert. Das bedeutet, dass jedem Element der Menge B mindestens ein Element der Menge A zugeordnet wird. Jedes Element der Zielmenge wird mindestens einmal als Funktionswert angenommen, hat also mindestens ein Urbild.

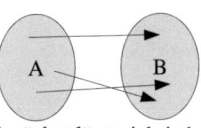

Von einer bijektiven Zuordnung spricht man, wenn sie sowohl injektiv wie surjektiv ist: wenn also jedem Element der Menge B genau ein Element der Menge A zugeordnet wird.

Zuordnungen lassen sich je nach ihrer Art verschieden darstellen. Zunächst lässt sich jede Zuordnung verbal, etwa in einem Fließtext, formulieren. Etwas mathematischer wird die Darstellung beim einfachen Pfeildiagramm, etwa bei Mengen geringer Mächtigkeit sowie in der Darstellung von Tabellen, in die einander zugeordnete Wertepaare entsprechend eingetragen werden. Des Weiteren können Wertepaare als Punkte im kartesischen Koordinatensystem eingezeichnet werden.

b) **psychologisch:** Die Klasse 7x ist prinzipiell eine angenehme, wenn auch „verschwätzte" Klasse mit einer allgemein hohen Schülerbeteilung. Der Jungenanteil ist gegenüber dem Mädchenanteil in dieser Klasse leicht erhöht.
Seit Anfang letzter Woche wurde ein Mobbingfall in der Klasse an Felix P. bekannt. Die Mobbingberater traten am vergangenen Freitag mit den mutmaßlichen Tätern, Zawadi C. und Patrick V. unangekündigt in Verbindung. Für diese Woche ist eine Klassenkonferenz anzusetzen. Die Klassensituation, als Reaktion auf den bekannt gegebenen Mobbingfall, ist schwer einzuschätzen. Eventuell reagieren einige SchülerInnen empfindlicher auf Äußerungen und Mahnungen als gewohnt.

c) **unterrichtlich:** Das Thema Zuordnungen wird erstmals in Klasse 7 behandelt. Aus Klasse 5 und 6 sind allerdings schon verschiedene Diagrammdarstellungen, wie etwa das Säulen-, das Balken- oder das Kreisdiagramm bekannt. Die Benennung als eine Zuordnung oder gar der Gebrauch des Begriffes „Graph" wird in Klasse neu eingeführt.

Didaktische Planung der Stunde

a) a) Ziel der Stunde: Diese Stunde ist die Auftaktstunde der Unterrichtseinheit „Zuordnungen". Zu Beginn des Schuljahres wurde die Einheit „Prozente und Zinsen" durchgeführt. Mit dem Wissen zur Anteilsbestimmung ließ sich elegant und sinnvoll in die Einheit „Häufigkeiten und Wahrscheinlichkeiten" überleiten. Da es sich um den Einstieg in einen neuen Komplex handelt, habe ich mich entschlossen, nicht den bisherigen Stundenverlauf aufzulisten, sondern nur die zukünftigen Schritte in der folgende Tabelle darzulegen:

Stunde	Inhalt
1	Einführung in die Unterrichtseinheit „Zuordnung" (Begriff, Darstellungsarten mit Überleitung zur Graphendarstellung)
2/3	Verbale Beschreibung von Graphen verschiedene Darstellungen einer Funktion gezielt ineinander übersetzen (Graphen als Tabelle schreiben, Graphen im Fließtext beschreiben lassen, Tabellen als Graphen darstellen, ...) Formulieren der Zuordnungsvorschrift Einführung des Begriffs der Funktion als Sonderfall einer Zuordnung (Beispiele der nicht-eindeutigen Zuordnung vorstellen)
4/5	Proportionale Zuordnungen
6/7	Antiproportionale Zuordnungen
8/9	Lineare Funktionen
10/11	Wiederholung des Gelernten in Form von Vermischten Aufgaben
12/13	Klassenarbeit über Wahrscheinlichkeiten und Zuordnungen
14/15	Rückgabe der Klassenarbeit Spielerisches Einleiten der Terme anhand des Vorwissens zu linearen Funktionen (Schnitt von zwei Geraden)

In der Stunde werden folgende <u>Lernziele</u> verfolgt:
Die SchülerInnen sollen
- ➢ die „Alltäglichkeit" von Zuordnungen erkennen,
- ➢ die Zusammenhänge zwischen Größen als Zuordnungen auffassen und in ihrer Abhängigkeit darstellen,
- ➢ verschiedene Darstellungsarten von Zuordnungen kennenlernen,
- ➢ eigenes Darstellungen erproben und somit verschiedene Darstellungsformen einer Zuordnung ineinander übersetzen
können.

b) **Spezifische Schwierigkeiten der Stunde:** Die Benennung unterschiedlicher Darstellungsformen – als Text, als Grafik, als Tabelle etc. - könnte den SchülerInnen insofern schwer fallen, als dass ihnen die Begriffe nicht geläufig sind. Generell haben SchülerInnen Probleme übergeordnete Begriffe für einen Sachverhalt zu finden. So ist es beispielsweise schwer abschätzbar, ob die SchülerInnen den Oberbegriff der „Grafik" kennen. Bei Unkenntnis etwa desselben muss die Nennung einfach vom Lehrer erfolgen. Mit Verständnisproblemen als solchen muss dennoch eher weniger gerechnet werden, da die meisten Darstellung intuitiv nachvollziehbar sind. Ziel ist nicht, dass die SchülerInnen die entsprechenden Darstellungsnamen selbst erraten, sondern dass sie ein Repertoire an verschiedenen Darstellungsmöglichkeiten erhalten.

Die Beispiele zu unterschiedlichen Darstellungsarten von Zuordnungen wurden bewusst auf die SchülerInnen zugeschnitten, sei es hinsichtlich der Ortschaften-Zuordnung, anhand von Hobbies der SchülerInnen oder auch hinsichtlich ihrer Interessen. Diese Beispiele sorgen sicher für ein mehr an Emotionen, und damit auch an Unruhe. Nichts desto Trotz wurden die Beispiele schülernah gewählt, um den SchülerInnen die Alltäglichkeit zu verdeutlichen und ihnen das neue Thema schmackhaft zu machen.

Ein kleines Problem könnte sich ergeben, wenn die SchülerInnen an dem vorgegebenen Repertoire allzu sehr klammern und beispielsweise nur an der Tabellenschreibweise festhalten. Wünschenswert wäre es, wenn die SchülerInnen in der Arbeitsphase eigenständig die Graphendarstellung als die optimale Darstellung erarbeiten würden. Allerdings ist auch eine alternative Darstellung, eben in einer Tabelle, zu schätzen, da die SchülerInnen damit ihr Wissen unter Beweis stellen, eine Darstellungsform in eine andere zu übersetzen.

Weitere Probleme können bei den Maßstäben und der Beschriftung der Achsen auftreten. Daher wurden die Beispiele so ausgewählt, dass keine Widersprüche oder Verwirrungen auftauchen. Ungünstig wäre es beispielsweise die Temperatur im Bereich von 20° zu wählen (aufgrund des Maßstabes) und etwa die Monate von Oktober bis März zu betrachten (aufgrund der Beschriftung der Achsen, die nach Schülerverständnis in Zahlenwerten ausgedrückt von 10 bis 12 und dann von 1 bis 3 erfolgen müsste).

Im Laufe der Folgestunden treten eher Verständnisprobleme auf. Die neue Schreibweise $f(x)$ ist für die SchülerInnen gewöhnungsbedürftig. Das Schulbuch zieht die Schreibweise $x \rightarrow y$ vor, die zwar mehr an die Vorstellungskraft appelliert, für SchülerInnen der Klasse 7 jedoch ebenfalls ungewohnt ist. Sie muss daher langsam eingeführt und vertraut gemacht werden. Hilfreich könnte sein, die „Zuordnungspfeile" anschaulich im Schaubild einzuzeichnen und in ihrer Funktion zu benennen. Diese können bereits in der Auftaktstunde verwendet werden, um die SchülerInnen an die Vorstellung zu gewöhnen.

Ein weiteres Problem, das oftmals durch viele Klassen hindurch festzustellen ist, betrifft den Umgang mit der Variable x. Viele SchülerInnen schrecken vor der Benutzung von Variablen zurück und klammern sich an konkrete Zahlenwerte. Der Übergang von Beispielen mit konkreten Zahlenwerten hin zu einer allgemein gültigen Formulierung könnte bei schwachen SchülerInnen Probleme darstellen. Daher sollte man genügend Zeit einzuplanen, um die SchülerInnen langsam an die neue Art der Darstellungsform zu gewöhnen. Es gilt, sorgsam auf die Rolle des x-s als „Platzhalter" einzugehen, weil das Verständnis in der nächsten Einheit „Terme und Gleichungen" aufgegriffen werden muss.

c) **Methodische Planung der Stunde:** Um die SchülerInnen zu motivieren, soll die Unterrichtsstunde mit einer einfachen, nicht rein mathematischen Zuordnung beginnen. Die Aufgabenstellung erschließt sich jedem/r SchülerIn und leitet direkt ins Thema ein.

Ich habe mich entschlossen, weitere Darstellungsarten auf Folie zu präsentieren. Ein Arbeitsblatt mit derselben Aufgabenstellung würde zu viel Zeit in Anspruch nehmen. Die SchülerInnen sollen unterschiedliche Arten der Darstellung kennenlernen, doch liegt der Bildungsschwerpunkt nicht im Kennenlernen als vielmehr in der Übersetzung von verschiedenen Darstellungsarten ineinander. Daher wird dieser Phase, als eine Art Vorbereitungsphase, weniger Zeit gewidmet.

Nach einer Ergebnissicherung wird eine Darstellung auf ihre Übersichtlichkeit untersucht. Dies leitet die eigenständige Arbeitsphase ein, in der die SchülerInnen die entsprechende Darstellung in eine optimale Form übersetzen müssen. Die SchülerInnen präsentieren die „besten" Ergebnisse, wobei die Klasse Rückmeldung über die Verbesserung geben soll. Diese Schritte entspricht den Idealen des Bildungsplanes, nach dem die unterschiedlichen Zugangsweisen und Lösungswege bewusst gemacht, verglichen (falls es Alternativlösungen gibt) und bewertet werden.

Ziel ist es, dass die SchülerInnen die Darstellung als Graphen als die optimale Lösung erkennen. Dazu erfolgt ein Tafelanschrieb, der auf kleine Besonderheiten bei der Graphschreibweise eingeht.

Die Hausaufgaben am Ende der Stunde schließt sich direkt an den Tafelanschrieb an, indem den SchülerInnen drei Graphen ausgeteilt werden sollen, die eben keine Beschriftungen wie Maßstäbe aufweisen. Die relativ komplexe Aufgabe soll den Denkprozess fördern und sie gleichzeitig ermuntern, die Graphendarstellung zu verbalisieren, indem sie ihre Entscheidung begründen müssen. Eine zweite (Standard-) Hausaufgabe trainiert die Übersetzung von verschiedenen Darstellungsformen ineinander.

Planung des Verlaufs

Zeit	Geplanter Verlauf	Aktions/ Sozialform	Medien
9:35	Begrüßung und Vorstellen von Herrn S.		
9:37	Einstieg anhand von allgemeinen Zuordnungsbeispielen. Auf Folie werden vier verschiedene Sehenswürdigkeiten sowie vier entsprechende Städtenamen aufgelegt. Die SchülerInnen sollen die Sehenswürdigkeiten den Städtenamen zuordnen. Die Frage, wie die SchülerInnen hier für Ordnung gesorgt hätten, führt zur neuen Überschrift: III. Zuordnungen	UG	Folie Tafel
9:41	Gemeinsam werden weitere Beispiele von Zuordnungen besprochen. Dabei soll die unterschiedliche Art der Darstellung herausgearbeitet werden.	UG	Folie
9:50	Die Ergebnissicherung zu den unterschiedlichen Darstellungsweisen von Zuordnungen wird an der Tafel festgehalten.		Tafel
9:54	An die Darstellung in Fließtextschreibweise auf der Folie wird eine Frage gestellt, die deutlich den Nachteil dieser Schreibweise zeigt. Die Schüler werden angehalten in Zukunft möglichst optimale Darstellungsweisen zu finden.	UG	Folie
9:55	Die SchülerInnen sollen selbst geeignete Darstellungen zu dieser Zuordnung in Fließtext anfertigen. Anhand eines leicht nachvollziehbaren Beispiels soll eine Darstellung zur Temperaturentwicklung in Abhängigkeit von der Uhrzeit angefertigt werden. Die SchülerInnen werden dazu angehalten, diesen Sachverhalt möglichst so geschickt zu veranschaulichen, dass man sofort (auf einen Blick) die wesentlichen Daten erkennen und auf die Graphendarstellung überleiten zu können. Parallel zum Arbeitsauftrag bekommen drei Schüler-Pärchen jeweils eine Folie, um ihre Darstellungsart aufzuschreiben.	PA	Heft bzw. Folie
10:05	Die Ergebnissicherung erfolgt über die Präsentation der Folien. Verbesserungsvorschläge, die zur Anschaulichkeit beitragen, werden aufgenommen. Ziel ist, dass die SchülerInnen eigenständig die Darstellung in Form eines Graphen für die übersichtlichste Methode erkennen bzw. annehmen. Nur Neu- und Verbesserungsvorschläge werden hierbei (unter Berücksichtigung der knappen Zeit) berücksichtigt.	SV	Folie
10:15	Das Ergebnis zur Darstellung in Graphenform wird an die Tafel	LV	Tafel

	geschrieben. Zudem wird auf einige Punkte eingegangen, die bei der Verwendung von Graphen beachtet werden müssen.		
10:20	Hausaufgabenstellung in Form eines „Rätsels": „Bei der Aufgabe wurden wesentliche Punkte, etwa die Beschriftung der Achsen, nicht beachtet. Versucht, die Graphen den entsprechenden Vorgängen zuzuordnen. Begründet eure Zuordnung und beschriftet danach die Achsen." Zudem soll eine weitere (einfachere) Aufgabe nochmals die Übersetzung von verschiedenen Darstellungsarten trainieren.		

Tafelbild und Heftaufschrieb

III. Zuordnungen	Graphendarstellung
Zuordnungen können unter anderem durch Tabellen, Pfeile, Texte oder Grafiken dargestellt werden.	Wenn wir einen Graphen zeichnen, müssen wir folgende Punkte beachten: • Beschriftung der Achsen • Festlegen des Maßstabes (Einheiten) • Festlegen des Bildausschnittes

Linke Tafelseite